油茶产业应用技术丛书

油茶高效栽培技术

陈永忠　王　瑞　刘彩霞　唐　炜　彭映赫　编著

U0199228

中国林业出版社
CF PH
China Forestry Publishing House

图书在版编目（CIP）数据

油茶高效栽培技术 / 陈永忠等编著. –– 北京：中
国林业出版社, 2020.9
（油茶产业应用技术丛书）
ISBN 978–7–5219–0800–8

Ⅰ.①油… Ⅱ.①陈… Ⅲ.①油茶—栽培技术 Ⅳ.
①S794.4

中国版本图书馆CIP数据核字（2020）第175159号

中国林业出版社·自然保护分社（国家公园分社）
策划编辑：刘家玲
责任编辑：刘家玲　宋博洋

出版	中国林业出版社（100009　北京市西城区德内大街刘海胡同 7 号）
	http://www.forestry.gov.cn/lycb.html　电话：（010）83143519　83143625
发行	中国林业出版社
印刷	河北京平诚乾印刷有限公司
版次	2020 年 12 月第 1 版
印次	2020 年 12 月第 1 次印刷
开本	889mm × 1194mm　1/32
印张	2.25
字数	70 千字
定价	20.00 元

未经许可，不得以任何方式复制或抄袭本书的部分或全部内容。

版权所有　侵权必究

《油茶产业应用技术丛书》
编写委员会

顾　问：胡长清　李志勇　邓绍宏

主　任：谭晓风

副主任：陈永忠　钟海雁

委　员：（以姓氏笔画为序）

王　森　龙　辉　田海林　向纪华　刘洪常

刘翔浩　许彦明　杨小胡　苏　臻　李　宁

李　华　李万元　李东红　李先正　李建安

李国纯　何　宏　何　新　张文新　张平灿

张若明　陈隆升　陈朝祖　欧阳鹏飞　周奇志

周国英　周新平　周慧彬　袁　军　袁浩卿

袁德义　徐学文　曾维武　彭邵锋　谢　森

谢永强　雷爱民　管天球　颜亚丹

序言一

Foreword

　　油茶原产中国，是最重要的食用油料树种，在中国有2300年以上的栽培利用历史，主要分布于秦岭、淮河以南的南方各省（自治区、直辖市）。茶油是联合国粮农组织推荐的世界上最优质的食用植物油，长期食用茶油有利于提高人的身体素质和健康水平。

　　中国食用油自给率不足40%，食用油料资源严重短缺，而发展被列为国家大宗木本油料作物的油茶，是党中央国务院缓解我国食用油料短缺问题的重点战略决策。2009年国务院制定并颁发了中华人民共和国成立以来的第一个单一树种的产业发展规划——《全国油茶产业发展规划（2009—2020）》。利用油茶适应性强、是南方丘陵山区红壤酸土区先锋造林树种的特点，在特困地区的精准扶贫和乡村振兴中发挥了重要作用。

　　湖南位于我国油茶的核心产区，油茶栽培面积、茶油产量和产值均占全国三分之一或三分之一以上，均居全国第一位。湖南发展油茶产业具有优越的自然条件和社会经济基础，湖南省委省政府已经将油茶产业列为湖南重点发展的千亿元支柱产业之一。湖南有食用茶油的悠久传统和独具特色的饮食文化，湖南油茶已经成为国内外知名品牌。

　　为进一步提升湖南油茶产业的发展水平，湖南省油茶产业协会组织编写了《油茶产业应用技术》丛书。丛书针对油茶产业发展的实际需求，内容涉及油茶品种选择使用、采穗圃建设、良种育苗、优质丰产栽培、病虫害防控、生态经营、产品加工利用等油茶产业链条各生产环节的各种技术问题，实用性强。该套技术丛书的出版发行，不仅对湖南省油茶产业发展具有重要的指导作用，对其他油茶产区的油茶产业发展同样具有重要的参考借鉴作用。

该套丛书由国内著名的油茶专家进行编写，内容丰富，文字通俗易懂，图文并茂，示范操作性强，是广大油茶种植大户、基层专业技术人员的重要技术手册，也适合作为基层油茶产业技术培训的教材。

愿该套丛书成为广大农民致富和乡村振兴的好帮手。

张守攻

中国工程院院士

2020年4月26日

序言二

Foreword

习近平总书记高度重视油茶产业发展，多次提出："茶油是个好东西，我在福建时就推广过，要大力发展好油茶产业。"总书记的殷殷嘱托为油茶产业发展指明了方向，提供了遵循的原则。湖南是我国油茶主产区。近年来，湖南省委省政府将油茶产业确定为助推脱贫攻坚和实施乡村振兴的支柱产业，采取一系列扶持措施，推动油茶产业实现跨越式发展。全省现有油茶林总面积 2169.8 万亩，茶油年产量 26.3 万吨，年产值 471.6 亿元，油茶林面积、茶油年产量、产业年产值均居全国首位。

油茶产业的高质量发展离不开科技创新驱动。多年来，我省广大科技工作者勤勉工作，孜孜不倦，在油茶良种选育、苗木培育、丰产栽培、精深加工、机械装备等全产业链技术研究上取得了丰硕成果，培育了一批新品种，研发了一批新技术，油茶科技成果获得国家科技进步二等奖 3 项，"中国油茶科创谷"、省部共建木本油料资源利用国家重点实验室等国家级科研平台先后落户湖南，为推动全省油茶蓬勃发展提供了有力的科技支撑。

加强科研成果转化应用，提高林农生产经营水平，是实现油茶高产高效的关键举措。为此，省林业局委托省油茶产业协会组织专家编写了这套《油茶产业应用技术》丛书。该丛书总结了多年实践经验，吸纳了最新科技成果，从品种选育、丰产栽培、低产改造、灾害防控、加工利用等多个方面全面介绍了油茶实用技术。丛书内容丰富，针对性和实践性都很强，具有图文并茂、以图释义的阅读效果，特别适合基层林业工作者和油茶生产经营者阅读，对油茶生产经营极具参考价值。

希望广大读者深入贯彻习近平生态文明思想，牢固树立"绿水青山就是金山银山"的理念，真正学好用好这套丛书，加强油茶科研创新和技术推广，不断提升油茶经营技术水平，把论文写在大地上，把成果留在林农家，稳步将湖南油茶产业打造成为千亿级的优质产业，为维护粮油安全、助力脱贫攻坚、助推乡村振兴作出更大的贡献。

胡长清
湖南省林业局局长
2020年7月

前　言

Preface

　　湖南位于我国的油茶核心产区，是全国油茶产业第一大省，具有独特的土壤气候条件、丰富的油茶种质资源、最大的油茶栽培面积和悠久的油茶栽培利用历史。油茶产业是湖南的优势特色产业，湖南省委、省政府和湖南省林业局历来非常重视油茶产业发展，正在打造油茶千亿元产业，这是湖南油茶产业发展的一次难得的历史机遇。

　　我国油茶产业尚处于现代产业的早期发展阶段，仍具有传统农业的产业特征，需要一定时间向现代油茶产业过渡。油茶具有很多非常特殊的生物学特性和生态习性，种植油茶需要系统的技术支撑和必要的园艺化管理措施。2009年《全国油茶产业发展规划（2009—2020）》实施以来，湖南和全国南方各地掀起了大规模发展油茶产业的热潮，经过10多年的努力，油茶产业已奠定了一定的现代化产业发展基础，取得了不俗的成绩；但由于根深蒂固的"人种天养"错误意识、系统技术指导的相对缺乏和盲目扩大种植规模，也造成了一大批的"新造油茶低产林"，各地油茶大型企业和种植大户反应强烈。

　　为适应当前油茶产业健康发展的需要，引导油茶产业由传统的粗放型向现代的集约型方向发展，满足广大油茶从业人员对油茶产业应用技术的迫切要求，湖南省油茶产业协会于2019年9月召开了第二届理事会第二次会长工作会议，研究决定编写出版《油茶产业应用技术》丛书，分别由湖南省长期从事油茶科研和产业技术指导的专家承担编写品种选择、采穗圃建设、良种育苗、种植抚育、修剪、施肥、生态经营、低产林改造、病虫害防控、林下经济、产品加工、茶油健康等分册的相关任务。

本套丛书是在充分吸收国内外现有油茶栽培利用技术成果的基础上编写的，涉及油茶产业的各个生产环节和技术内容，具有很强的实用性和可操作性。丛书适用于从事油茶产业工作的技术人员、管理干部、种植大户、科研人员等阅读，也适合作为油茶技术培训的教材。丛书图文并茂，通俗易懂，高中以上学历的普通读者均可顺利阅读。

　　中国工程院院士张守攻先生、湖南省林业局局长胡长清先生为本套丛书撰写了序言，谨表谢忱！

　　本套丛书属初次编写出版，参编人员众多，时间仓促，错误和不当之处在所难免，敬请各位读者指正。

湖南省油茶产业协会

2020年7月16日

目　录
contents

第一章

油茶造林地选择与林地整理

一、林地选择

普通油茶的适应性较强，生态幅较宽，在我国南方15省（区、市）的低山丘陵地区宜林荒地均可栽培。油茶造林地是将与油茶共存几十年的最重要的环境因素，直接关系到油茶生长和产量。因此，针对油茶的生物学特性选择适宜的林地方能更有利于油茶的生长和经营。林地选择主要包括海拔、坡度、土层深度、土壤酸碱度等。

（一）环境条件

选择生态环境条件良好、远离污染源、交通便利、排水良好、土壤较肥沃、相对高度200m以下、光照充足、25°以下的斜坡或缓坡。"当岗松，背阴杉，向阳山坡种油茶。乌土油笃笃，石壳山上果要落。"油茶适宜栽植于阳坡、半阳坡，要避开有西北风和北风侵害的地段。

通常按油茶"三带九区"划分，主要栽培区域宜选择海拔800m以下的低山丘陵作为油茶造林地；北缘栽培区宜选择海拔在400m以下的丘陵地或山腰缓坡地作为油茶造林地；南缘栽培区宜选择海拔700m以下的赤红壤、红壤、黄壤等，选择光照充足的斜坡或缓坡造林；西南高原栽培区宜选择海拔1800m以下的微酸性缓坡地作为油茶造林地。

（二）土壤条件

选择交通便利、排水良好、较肥沃、疏松的丘陵低山红壤、黄壤地区，土壤有效土层厚度60cm以上，pH值4.0～6.5。选择过程中要避免一些土层浅薄、多石砾、破碎不连片的林地（图1-1），尽可能选用土层深厚、酸性到微酸性的缓坡地（图1-2）。

图1-1 不适宜的林地

图1-2 适宜的林地

二、林地整理

（一）林地清理

林地清理是指对新造林地内所有的乔木、灌木、杂草、寄主植物、其他混生的用材林、经济果木林树种、树蔸及树枝残留物等进行彻底的伐除，是造林整地翻垦土壤前的一道工序。如果是对原有油茶林进行更新改造，不但要清除各种乔木、杂灌，还需将油茶的老、残、病株也一并砍掉。

1. 清理方式

林地清理分为全面清理、带状清理和块状清理3种方式。

（1）全面清理　全面清理是全部清除天然植被和采伐剩余物的清理方式，使用的清理方法主要是割除、火烧、机械粉碎等。

（2）带状清理　带状清理是以种植行为中心呈带状清理其两侧植被，并将采伐剩余物或被清除植被堆成条状的清理方式，使用的清理方法主要是割除和机械粉碎等。

（3）块状清理　块状清理是以种植穴为中心呈块状清理其周围植被，或将采伐剩余物梳拢成堆的清理方式，使用的清理方法主要是割除和机械粉碎等。

2. 清理方法

清理的方法可分为割除清理、火烧清理、堆积清理和机械粉碎清理等。

（1）割除清理　植被比较稠密和高大的造林地，以及采伐时留下的经济价值比较低下的林木，在造林前需要进行割除清理。割除清理可以是人工，也可以用机具，如推土机、割灌机、切碎机等。清理后

5

归堆和平铺，并用火烧方法清除。割除的时间应选择植物营养生长旺盛、尚未结实或种子尚未成熟、地下积累的物质少、茎干容易干燥的季节进行，具体时间可在春季或夏末秋初。

（2）烧除清理　在造林前割除和砍倒天然植被（称为劈山），并待其干燥后进行火烧（称为炼山）。

（3）堆积清理　堆积清理是将采伐剩余物和割除的灌草按照一定方式堆积在造林地上任其腐烂和分解的清理方式。

（4）机械粉碎清理　是将砍伐下的树木、枝叶、灌丛等剩余物、用粉碎机械集中粉碎，返回林地拌匀作肥的方式。

（二）整地

1. 整地时间

整地工作在造林前3~4个月进行，素有"秋季整地，冬季造林；冬季整地，来春造林；夏伏整地，秋季造林"的说法。油茶中心产区的新林地通常宜选用"秋季整地，冬季造林"的方式。

2. 整地方式

根据林地坡度大小，可采用全垦、带垦、穴垦等方式整地，结合林地道路和排灌系统的设置，应在山顶、山腰和山脚部位保留原有植被。素有"山顶戴帽子，山腰系带子，山脚穿裙子"的说法，保留的原有植被可减少雨水对造林地的冲刷。

（1）全垦整地　小于5°的缓坡宜用全垦整地。整地时顺坡由下而上挖垦，并将土块翻转使草根向上，防止其再成活，挖垦深度25cm以上。全垦后可沿等高线每隔4~5行设置一条拦水沟，宽度和深度为50~80cm，可以减少地表径流，防止水土流失（图1-3）。

（2）带垦整地　坡度5°~20°的林地适用带垦整地。按等高线挖

图1-3　全垦整地

图1-4　带垦整地

水平带，由上向下挖
筑内侧低、外缘高的
水平阶梯，内外高差
10～20cm，梯面宽
1.5m以上。阶梯内侧
挖宽深各20cm左右的
竹节沟，以利于蓄水
防旱和防止水土流失
（图1-4）。

图1-5 穴垦整地

（3）穴垦整地 坡度20°～25°的林地，坡面破碎及四旁造林时适用穴垦整地。先拉线定点，然后按规格挖穴，表土和心土分别堆放，先以表土填穴，最后以心土覆盖在穴面。株间距离要根据地形和栽培密度而定（图1-5）。

三、栽植密度

栽植密度根据油茶生物学特性、坡度、土壤肥力和栽培管理水平等情况而定，做到合理密植。原则上"好地宜稀，差地宜密"。过去为了早实丰产选用2.0m×3.0m（每亩110株），虽然实现了一定程度的早期丰产的目的，但经过近年的实践，发现在这样的密度下后期林分郁闭度过高，不利于持续的丰产稳产。因此，推荐良种油茶新造林的造林密度降低到60～80株/亩更为合理。

纯林栽植密度宜采用3.0m×3.0m的株行距。

实行间种或者为便于机械作业，栽植密度株行距以2.5m×4m、3m×4m、2.5m×5m和3m×5m为宜（图1-6）。

图1-6　栽植密度示意图

四、施基肥

油茶施基肥是提高造林成活率和获得丰产稳产的重要环节，要与林地整理和挖大穴相结合。肥料种类适宜各种有机肥，不宜施尿素、复合肥等速效化肥。

（一）施肥时间

基肥在造林前1~2个月施入，一般在11月下旬至翌年2月，结合挖大穴进行。

（二）施肥量

每穴施农家土杂肥5~10kg或专用有机肥1~3kg。农家肥要充分堆沤腐熟，专用有机肥的有机质含量≥45%，N、P、K总量≥5%。

（三）施肥方法

在定植点挖穴，规格为70cm×70cm×70cm。基肥应施在穴的底部，与底土拌匀，然后回填表土覆盖，填满为止，用心土铺在栽植穴表层，呈馒头状，土堆高出地面15cm左右，待沉降后栽植（图1-7）。

五、配套设施

林地确定以后，根据园地规模、地形和地貌等条件，设置合理的道路、排灌系统、防护和管理设施，两林道之间相隔100m为好，并将园地测绘成图。

（一）小区划分

根据地形和造林地面积大小，采用1：10000比例尺地形图将造林

图1-7　施基肥

地范围、面积及大区、道路等测绘成图。大区顺沿山势，小区根据生产实际需要进行划分，小区面积一般5~10亩。

（二）林区道路

根据地形和造林面积大小，对林地进行分区，合理配置主干道、支干道、作业道。主干道宽度3.0~3.5m，支干道1.5~2.0m，作业道0.8~1.0m。

图1-8 造林地道路

（三）排灌设施

在小区林道两侧设置排水沟，林地梯内水平方向设置横向排水沟，纵横相通。

根据生产需要设置相应的灌渠和蓄水池、水平竹节沟等，设置一定数量的沉沙池及护坡。

图1-9 排水沟

图1-10 蓄水池

（四）防护和管理设施

在林地四周设置生物隔离带、防火林带等防护设施，管护棚营造按20㎡/500亩设置。

第二章

油茶造林技术

油茶定植造林的重点是要把握好"细土回填，分层压实"技术关键。裸根苗造林是传统的栽植技术，随着苗木繁育技术的不断创新，近年推出的容器苗，特别是容器大苗，因轻基质容器中装填的基质饱满、有弹性、透气透根，移栽时不需脱掉，容器入土后能自然降解，残留在土壤中后呈纤维状，不阻碍根系生长，并且造林效率高，造林成本低，在生产中得到广泛应用。

一、造林季节的选择

根据栽培区域选择栽植季节，中心栽培区油茶栽植在冬季11月下旬到次年春季的3月上旬均可，以春季较好，在立春至惊蛰之间，顶芽将萌动之前造林最为适宜，最适时期是2月上旬至下旬。造林宜选在阴天或晴天傍晚，雨天土太湿时不宜造林。

容器育苗可适度延长栽植季节。如果苗木已抽发新梢，裸根苗不宜再用于造林，大量的春梢生长也会影响容器苗的造林成活率。

受印度洋季风影响，冬季干旱的西南地区宜选择夏季雨季来临前的季节造林。

二、良种苗木的选择

（一）种苗的选择和管理

选择通过国家或省级林木良种审定委员会审（认）定的优良品种，采用经省级以上审（认）定的当地主推品种和具有"四证一签"（苗木生产许可证、苗木经营许可证、苗木质量合格证、苗木检疫证、苗木标签）的油茶良种苗木。无性繁殖的种苗，优先选择采用芽苗砧嫁接培育的苗木。

一般选用花期、果实成熟期一致的2～5个无性系造林，提倡分品种块状造林。

油茶育苗优先采用《国家林业局关于印发〈全国油茶主推品种目录〉的通知》（林场发〔2017〕64号）中全国15个省（区、市）主推品种共120个，其中湖南省主推的14个品种（表2-1）。

表2-1 湖南省油茶主推品种目录

序号	品种名称	审（认）定良种编号	使用区域
1	华硕	国S-SC-CO-011-2009	湖南省油茶适生区
2	华金	国S-SC-CO-010-2009	湘东、湘中、湘南、湘西
3	华鑫	国S-SC-CO-009-2009	湘东、湘中、湘南、湘西
4	湘林1号	国S-SC-CO-013-2006	湖南省油茶适生区
5	湘林27号	国S-SC-CO-013-2009	湘西、湘中、湘南
6	湘林63号	国S-SC-CO-034-2011	湘西、湘中、湘南、湘北
7	湘林67号	国S-SC-CO-015-2009	湘东、湘中
8	湘林78号	国S-SC-CO-035-2011	湘东、湘中
9	湘林97号	国S-SC-CO-019-2009	湖南省油茶适生区
10	湘林210号	国S-SC-CO-015-2006	湖南省油茶适生区
11	衡东大桃2号	湘S-SC-CO-003-2012	湘东、湘中、湘南
12	湘林117号	湘S-SC-CO-055-2010	湘北（寒露籽）
13	湘林124号	湘S-SC-CO-057-2010	湘北（寒露籽）
14	常德铁城一号	湘S0801-Co2	湘北（寒露籽）

（二）苗木的质量

无论是裸根苗还是容器苗，2年生及以上的苗木才允许出圃（图2-1）。壮苗一般需要满足以下指标，提倡用2～3年生容器杯大苗造林。

1. 裸根苗

裸根苗要求无检疫对象，色泽正常，不少于6个生长点，生长健壮，充分木质化，无机械损伤，苗高30cm、地径0.3cm以上，根系发达，主根明显，侧根发达，长10cm的侧根4条以上。

2. 容器苗

容器苗要求苗高30cm、地径3mm以上，根球完整，主根发达，侧根发达均匀，不结团，主根不穿透容器。无检疫对象，色泽正常，生长健壮，顶芽饱满，无机械损伤，容器完好。

图2-1　3年生油茶容器杯大苗

三、轻基质容器苗造林技术

造林时，在已施好基肥回填穴上，挖与根团大小相应的定植穴，将轻基质容器苗放入定植穴内，苗木嫁接口与地表持平，回填定植土或用已清除石块土砾的细土回填，用手从容器苗四周压实，覆盖一层松土。定植后浇透定根水，培蔸覆盖。

图2-2　容器苗种植示意图

注意事项：应选择雨季造林，造林时将容器浸湿，栽植坑宜小，坑底要平，以保证容器底与坑底结合紧密。回填土要从容器周边向容器方向四周压实（切不可向下挤压容器），使土壤与容器紧密结合，这时切忌大力敲打破坏苗木根系土球，否则会损伤根系影响成活。容器上面覆盖3～4cm厚的土。

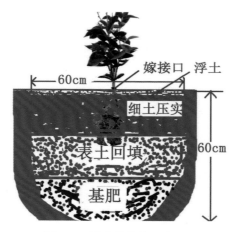

图2-3　油茶苗栽植示意图

四、裸根苗造林技术

造林时，适当剪去苗木过长的主根，提倡用生根粉泥浆蘸根栽植。挖定植穴，安置和扶正苗木，使根系舒展，苗木嫁接口与地表持平，回填定植土，分层压实，确保苗正、根舒、土实。定植后浇透定根水，培蔸覆盖（图2-4）。

注意事项：应选择阴雨天或下透雨后造林，做到随起苗随造林，远距离运输过程中要注意保湿；避免根系直接与基肥接触；栽苗量较大时，栽植不完的苗木要开沟假植。

（1）将苗木扶正

（2）回填表心土

（3）分层压实

图2-4　裸根苗种植示意图

第三章

油茶幼林抚育技术

科学的抚育管理是保证造林成活、促进油茶生长发育、实现早实丰产的关键。油茶生长发育分为幼林和成林两个阶段，幼林抚育管理主要是促进营养生长以形成庞大丰富的根系和完整的树形，为开花结实做准备，因此，幼林的抚育以促进树体营养生长、快速形成丰产树冠和稳产树形为目标。

幼林抚育管理主要包括除草培蔸、地表覆盖、土肥水管理、树体培育、复合经营等技术措施。

一、除草培蔸技术

（一）除草培蔸时间

造林后每年除草培蔸2次，第一次在5~6月，第二次在8月下旬至9月。除草除人工清除外，可选用地表覆盖技术，但严禁使用除草剂。

（二）除草培蔸方法

提倡人工除草。采用锄抚，铲除苗蔸周边60cm的杂草，靠近油茶树体的杂草用手拔除，防止松动或损伤油茶根系，并用草皮土倒覆盖在幼树周围，苗基外露时还从圈外铲些细土培于基部成馒头状。

种植当年7~9月不宜在根际松土除草，若杂草生长过快并覆盖住苗木，可劈掉过高杂草，露出苗木。

图3-1　培蔸覆盖

二、地表覆盖技术

地表覆盖是近年研发出来的新技术，通过覆盖能有效降低地表辐射、土壤温度，提高土壤含水率，能显著提高造林成活率和保存率。科学覆盖还能抑制杂草生长，减少抚育成本。油茶新造林地表覆盖主要有保墒覆盖、地膜覆盖和生态垫覆盖等3种方式。

（一）保墒覆盖

采用稻草、腐殖质、枯枝落叶等对苗蔸基部进行地表覆盖，保水保墒。

覆盖面在60cm×60cm以上，覆盖厚度在2cm以上，并在覆盖物上盖土。

图3-2　稻草覆盖

（二）地膜覆盖

地膜覆盖要在树干周围应有半径不少于5cm的透气孔，苗基30cm范围内覆土，厚度需达到2cm以上，堆成龟背形，苗基周围覆土一定要严实，不得透气，以免灼伤苗木。苗基30cm范围以外要破地膜以降温透水。

（三）生态垫覆盖

生态垫是以稻草、麦秆、棕榈等有机纤维为原料生产的，果园林地地表覆盖物具有保湿、保墒、护坡和压制杂草生长的作用，而且还有可降解作肥料的功能。造林时，可直接将苗木套进生态垫，在生态垫四周用土压严、压实，以防风动、透风、漏气，除草垫上均匀覆盖3～5cm厚度土壤，由于生态垫添加了黑色抗氧化成分，无土壤覆盖会导致上层土壤温度过高引起植株萎蔫。

图3-3　生态垫覆盖

三、土肥水管理技术

（一）抚育管理

造林后应注意抚育管理，一般每年抚育2～3次。第一次抚育在5～6月，抚育时在油茶四周20cm以内只能破碎表土，不能翻动根际土壤，靠近油茶苗的杂草用手拔除，防止松动或损伤根系，并将铲下的草皮覆于树蔸周围的地表，给树基培蔸；第二次抚育一般在8～9月（立秋后）进行，这时大多数杂草刚好结籽，及时除草可减少当年杂草与油茶苗争肥、争阳光，又可清除杂草种子，减少来年竞争，还可起到抗旱保苗的作用。冬季结合施肥进行有限的垦复。**"一年不垦草成行，两年不垦减产量，三年不垦叶子黄，四年不垦茶山荒。油菜怕浆，油茶怕荒。土是根，肥是劲，种是本。"**

（二）施肥

1. 施肥时间及施肥量

造林第一年原则上不追肥。幼林每年施肥2次，应以有机肥为主，施肥可结合幼林抚育进行，春季3～5月施复合肥，冬季12月至翌年1月施有机肥，不同林龄施肥量如表3-1所示。

表3-1　不同林龄油茶幼林施肥用量

单位：kg/株

肥料种类 \ 施用量 \ 林龄	第一年	第二年	第三年	第四年
复合肥（N、P、K总量≥30%）	0.05～0.1	0.1～0.2	0.2～0.3	0.3～0.4
有机肥（有机质含量≥45%）	0.5～1.0	0.5～1.0	1.0～2.0	1.0～2.0

2. 施肥方法

采用穴施、条施、环施或辐射状施肥，施肥沟距离树干基部30cm或在树冠投影线外沿。坡度15°以上的林分宜在植株的上方施肥，施肥沟宽和深均为20～30cm，肥料与土拌匀后及时覆土（图3-4至图3-6）。

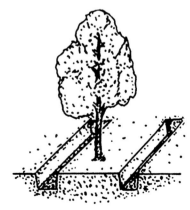

图3-4　条状沟施肥法

图3-5 环形沟施肥法

（1）挖施肥沟　　（2）施肥
（3）肥料与底土拌匀　　（4）覆土

图3-6　油茶幼林施肥过程

（三）灌溉

油茶大量挂果时会消耗大量水分，长江流域一般是夏秋干旱，7～9月的降水量大多不足300mm，而此时正是果实膨大和油脂转化时期（七月干球，八月干油），合理增加灌水可提高产量。但在春天雨季时又要注意水涝。

随着滴灌、微灌技术的发展与劳动力成本的持续增加，油茶丰产苗地也开展了水肥一体化技术试验和推广应用。

四、树体培育技术

幼树以营养生长为主，树体培育以构建骨架和培养树体为主，应轻剪。

（一）树体培育的基本步骤

1. 定干与骨架构建

栽植后当苗高60cm左右可适当保留主干，对单杆直立幼苗要及时打顶促分枝。第一年在20～30cm处选留3～4个生长强壮、方位合理的侧枝培养为主枝；第二年再在每个主枝上保留2～3个强壮分枝作为副主枝；第3～4年，在继续培养正副主枝的基础上，将其上的强壮春梢培养为侧枝群，并使三者之间比例合理，均匀分布。

2. 打顶

在幼树阶段，当小苗长到50cm左右时，对一些长势较强的顶梢，要注意适当摘心，控制顶梢生长，促发侧枝。

3. 下垂脚枝清理

4年生以上的幼树，每年定期清理20cm以下的侧枝，及时剪除过分重叠、下垂和荫闭枝。

4. 摘除花苞

　　幼树前3年需摘掉花蕾，不让挂果，维持树体营养生长，加快树冠成形。

图3-7　油茶幼树培育（打顶、清脚枝、定骨架）

（二）油茶主要丰产树形培育

1. 自然圆头形

适用于有主干的品种和树形。在每个主枝上均匀交错地选留3~4个侧枝，使其逐渐扩大形成树冠。剪去主干30cm以下的下脚枝、衰弱枝、交错枝、病虫枝，短截生长过于旺盛的伸长枝，使树冠形成球形。

2. 开心形

适用于主干不明显的品种和树形。对多杆、分枝部位较低的树形，在不同的方位，保留3~4个生长旺盛的大枝培养成主枝。经过定形之后，树体骨架形成具有主枝3~4个、副主枝6~9个的基本骨干枝，以后在主枝和副主枝上着生大量侧枝，逐渐成为树体较矮、树冠开张幅度较大的自然开心形的树形。

五、复合经营技术

油茶新造林，前期3~4年基本没有实际收益，又需要投入抚育管理，如果能够利用林间未郁闭的林地开展复合经营，不但可以增加收益，还能减少林地抚育投入。"以山养山，种肥养林，茶枯还山，落叶归根。"在立地条件较好的林地可进行复合经营，复合经营应主次分明，以不与油茶幼苗争水和争肥为度；作物以花生、黄豆等豆科矮秆植物为宜，亦可间种猪屎豆、紫云英、草类等绿肥，间种距离树蔸60cm以上，并及时施肥。以耕代抚，能有效地抑制杂草灌木生长，提高土壤蓄水保肥能力，改善林间小气候，降低地表温度，提高林间湿度，从而促进油茶幼林根系生长和树体的生长发育，达到速生、早实的目的。通过农林复合经营，还可获得部分收益，尽快收回营林投资。

在油茶新造林中开展农林作物、中草药等复合经营时，重点把握好以下三个原则：

一要主次分明。选择的作物有利于油茶树体生长和地力提升，不宜过分竞争光、肥、水等生长必需条件。

二要产销对路。所选择的作物、产品能供自身使用或能销售出去，带来直接收益。

三要适度规模。经营规模与林地、劳力、市场等相适应，以效益优先。

林草间作（百喜草）

图3-8　油茶林复合经营（1）

图3-8 油茶林复合经营（2）

第四章

油茶成林抚育技术

油茶成林阶段是油茶高产、稳产的关键时期，管护措施的重点是调节营养生长和生殖生长的平衡，达到提高产量、持续稳产的目的。

油茶成林抚育技术主要包括土壤肥水管理、树体修枝整形、大小年调控等。

一、土壤肥水管理技术

（一）成林施肥

1. 施肥原则

一般冬季施有机肥，早春以速效肥为主，夏季以磷钾复合肥为主。大年增施有机肥和磷钾肥，小年增施磷氮肥。每年施肥2~3次，冬、春季节必须要施肥，对于生长旺盛、挂果较多的油茶树可增加夏季保果肥。

2. 施肥量

冬肥壮根。冬季12月至翌年1月施有机肥（有机质含量≥45%）2~3kg/株。

春肥促梢。春季3~5月施复合肥（N、P、K总量≥30%）0.5~1.0kg/株。

夏肥保果。夏季6~7月施磷钾复合肥0.3~0.5kg/株。

3. 施肥方法

采用沟施方法，施肥沟在树冠投影线外沿，施肥沟宽和深均为20~30cm，肥料与土拌匀后及时覆土（图4-1）。陡坡地要施在油茶树的坡上沿，如有雨水浸入肥料可随水方向向下渗透，以使树根均匀受肥。叶面喷施宜于早晨或傍晚进行，着重喷施叶背面。

图4-1 油茶成林施肥

（二）抚育管理

油茶成林抚育管理主要是配合水肥管理和树体培育开展的林地杂草清除、土壤翻耕改良和修复整理等相关事宜。通常"三年一深挖，一年一浅锄"。每三年林地内深挖一次，深度20~25cm。每年秋季中耕除草1次，林地浅锄10cm左右，坡面用刀砍杂。但随着劳动力成本持续升高，应该不断采用垦复机、旋耕机、施肥机等农用机械，提高机械化和新技术的应用力度，减少纯劳力挖垦的人工投入成本。

二、树体修枝整形技术

树体修剪是栽培学的重要内容之一，随着油茶良种化和经营水平的持续提高，在油茶修剪方面逐步总结出一些经验和技术。如"摘帽子、开窗子、卸膀子、掀被子、脱裙子。大空小不空，内空外不空，

打阴不打阳，剪横不剪顺。剪去脚枝不伤皮，锯去残柱不藏蚁，病虫枯枝全剪去，上控下促树冠齐。小枝多，大枝少，合理分布不拥挤，内膛通风光照好，上下内外都开花，立体结果产量高"等谚语。

（一）修剪时期

"冬剪大枝夏摘梢，春秋两季整侧边。"修剪时期主要分为冬季修剪和夏季修剪。

冬剪以采收茶果后到春梢萌发前这一段时间内进行（12月至翌年2月，过早容易造成人为落果，过迟促梢效果差，并易损伤嫩芽。

夏期修剪又称生长期修剪，在树木生长期中进行。在生长期修剪时会剪去有叶的枝条，对树木生长影响较大，故宜尽量从轻，以免过大妨碍树的生长。夏季修剪也易引起病害发生，如流胶病等。夏剪以5月中旬较好，主要结合防病措施，剪除春梢病部（炭疽）和病枝。

（二）修剪原则

油茶修剪时要因树制宜，掌握剪密留疏，去弱留强，弱树重剪，强树轻剪的原则。

（1）先下部、内部，再到树冠外部和上部。

（2）先除去欲剪去的大枝，后剪中枝，最后才剪树冠外围小枝。

（3）在修剪侧枝时，也是逐一分析是否去留，分析该修剪的强度。

（三）修剪技术

1. 定主枝

自然圆头形。全树保留4～6个主枝，错落排列在中心主干上；主枝之间的距离为50～60cm，主枝与中心主干的夹角为50°～60°；每个主枝上着生2~3个侧枝，侧枝在主枝上要按一定的方向和次序分布，第一侧枝与中心主干的距离应为40~50cm，同一主枝上相邻的两个侧枝之间的距离约为40cm左右；骨干枝不交叉，不重叠。

开心形。全树3~5个主枝轮生或错落着生在主干上，主枝的基角约为40°~50°，每个主枝上着生2~4个侧枝，同一主枝上相邻的两个侧枝之间的距离约为40~50cm，侧枝在主枝上要按一定的方向和次序分布，不相互重叠。

分层形。在中心干上，定干高度为40~60cm，选5~7个主枝，第一层主枝一般为3~5个，三主枝的水平夹角应是120°，与中心领导枝的夹角为60°~65°，三主枝的层内距应为60~70cm，且要错落排列开，避免邻接，防止主枝长粗后对中央干形成"卡脖"现象。选留第二层主枝，层间距为60~80cm，数量2个。第一层主枝上选留3~5个侧枝，第二层主枝上选留2~3个侧枝，第三层主枝上选留2个侧枝。选留侧枝时，侧枝与主干的距离应为50~80cm。侧枝与主枝的水平夹角以45°左右较理想，基部三主枝上选留的靠近中心干的第一侧枝，要选主枝的同侧方向，避免出现"把门侧"。

2. 搭骨架

在每个主枝上保留2~3个强壮分枝作为副主枝；在副主枝的基础上，将其上的强壮春梢培养为侧枝群，并使三者之间比例合理，均匀分布。

修剪后，树体结构达到"小枝多、大枝少，枝条分布合理、均匀，内部通风透光、光能利用增强，上下内外都开花，形成立体结果"的骨架结构。在每次修剪时，及时剪除枯枝、病虫枝、徒长枝、过密枝、平行枝、重叠枝和交叉枝。做到枝条不交叉、不过密、不重叠、分布均匀，留着必有用，无用则不留。

3. 清脚枝

油茶成林，下脚枝多，这些枝条生长位置过低、受光不足、坐果率低，消耗养分甚多，而且影响中耕垦复，应及时剪去。有些下垂枝，长势尚好，又长有果实，可暂时保留，待果实采收后再剪去，也可在分枝处剪去下垂部分，使枝条回缩即可。一般壮龄期、土壤瘠薄的油茶林，修剪强度不宜过大；老林、土壤肥沃的可适当重剪。

4. 开天窗

对于过分郁闭的树，应剪除少量枝径2~4cm的重叠的直立大枝，开好"天窗"，提高内膛结果能力。树冠外围的枝条，过于密集，可及时回缩和疏除。多年生下垂枝通过回缩抬高角度，通过修剪改善内膛的通风透光条件，实现"外围不挤，内膛充实"的目的。

（四）常见的几种修剪方法

1. 结果枝的修剪

一般情况下，只修剪特别细弱、交错、过密和有病虫的结果枝或枯死结果枝。修剪强度不宜过大。

2. 下垂枝的修剪

一般壮龄期、土壤瘠薄的油茶林，修剪强度不宜过大；老林、土壤肥沃的可适当重剪。有些下垂枝，长势尚好，又长有果实，可暂时保留，待果实采收后再剪去，也可在分枝处剪去下垂部分，使枝条回缩即可。

3. 徒长枝的修剪

生长在树干或其他枝叶密生的主枝上的徒长枝应全部剪去。若生长在主枝、副主枝受损伤的地方则可以保留，利用徒长枝来更换树冠，延长结果年限。

图4-2　油茶常见树形

三、大小年调控技术

油茶大小年的结果周期是自身的生理属性所决定的，因此，从根本上而言，油茶大小年现象只能控制，不可能从根本上予以克服，但可以通过加强肥水平衡管理、精选品种、引蜂授粉、树体修剪调控和病虫害防治等技术措施减缓大小年的波动幅度。

（一）选用良种

选用良种对油茶无大小年的控制有着很好的作用。在油茶种植中，尽可能选择适应性广、丰产性稳定的良种壮苗来造林，具有较强的环境适应能力，在养分的吸收与分配中也比一般良种要佳，可以从源头上控制大小年的现象。

（二）加强病虫害防治

在油茶的生长发育环节中，病虫害是导致减产的重要因素，特别是在小年阶段，由于油茶自身营养不足，很容易出现病虫害，加剧油茶减产的现象，大小年之间的产量差距甚至在 50% 以上。油茶病虫害的危害不仅普遍，且非常严重。油茶病虫害的防治不能等到病虫害爆发乃至蔓延的时候才采取措施，而应该坚持预防为主、综合防治的理念，将病虫害的负面影响控制在萌芽阶段。不仅如此，病虫害防治需要与树体管理结合起来，在病虫害发生的初期阶段，根据病虫害的成因以及症状，选择适宜种类与适宜剂量的杀虫剂、杀菌剂，最大限度地降低病虫害对油茶发育的影响，也尽可能减少药剂对树体的影响。

（三）夏秋保果肥施肥技术

1. 增施液体肥

油茶花芽分化的始期是春梢停止生长后的5月中旬至6月上旬，与果实发育期重叠，此时养分消耗较大，必须确保树体营养高效供应，于每年7~8月追施液体肥，主要针对幼林和成林中挂果量较大的、树体营养亏缺的植株，施磷钾复合肥0.5~1.0 kg/株为保果肥，最好结合灌溉进行，将肥料溶于水于晴天傍晚浇灌。通过水肥的高效吸收，满足果实生长发育和促进花芽有效分化的双重需要。

2. 加施叶面肥

叶面施肥多以各种微量元素、尿素和各种生长调节剂为主，用量少、作用快，宜于早晨或傍晚进行，着重喷施叶背面效果更好。用磷酸二氢钾叶面施肥时，一般用0.2%的磷酸二氢钾（KH_2PO_4）溶液叶面喷施。

3. 喷施油茶保果素

油茶保果素等植物生长调节剂对于提高油茶自然坐果率有显著的效果，在油茶盛花期对花部位均匀喷施2~3次，每次间隔时间3~5天。

（四）合理修剪

不同的油茶个体，采取不同的方法进行修剪，合理调整树体的养料分配，有利于多结果实。对年年开花很多的树，在花芽形成后和幼果前期，适当剪掉一些树冠内膛、下部和腋间的花芽或幼果，特别是单枝结果过多和花芽丛生的植株，更要疏花疏果，使花果分布均匀。俗话说的"一树花，半树果，半树花，满树果"是有道理的。对枝叶过密的植株，适当修剪，使枝叶有足够的透光度，有利于花芽分化和着果。对结果过多、生长极度衰弱、叶片发黄的植株，可强度修剪，使它在第二年萌发较壮实的春梢，迅速恢复树势，促进开花结果。对于过密林分，还要合理调整，减少株数，以增加光照和水肥，促使树体生长粗壮，多结果实。

（五）引蜂授粉

油荼授粉昆虫主要有大分舌蜂、纹地蜂、湖南地蜂等，对主要授粉昆虫及其栖息地应加以保护。在新开辟的油荼林地，宜进行人工引放授粉蜂。在油荼林进行人工放蜂辅助授粉，在放蜂前后，应定期给蜜蜂喂食"解毒灵"或"油荼蜂乐"。

图4-3　人工引放授粉蜂

第五章

油茶果实采收

采收的时间不同，油茶籽的含油率和油脂的酸价大不相同，油茶必须在其充分成熟以后采收，这样才能获得最高的含油率和品质。

一、果实采收时间

茶果成熟应及时采收，不同品种的茶果应先熟先采，后熟后采，随熟随采；同一品种的成熟茶果，也应在近7天内采完。一定要避免过早采摘，采摘过早，不但出油率低，而且油的品质差。一定要确保适时采摘，一般以3%~5%果实自然开裂为准。

普通油茶的寒露品种类群一般在寒露节（通常10月8日前后）前后3天采果，霜降品种类群一般在霜降节（通常10月23日前后）前后3天采果。不宜提前采收。

二、果实采收方法

采用人工或机械的方式进行采收，避免损伤花蕾、折枝取果。油茶果收摘主要有摘果和收籽两种方式，摘果是果实成熟时直接从树上采摘鲜果，然后集中处理出籽，是目前普遍采用的采收方式；而收籽则是让果实完全成熟后，种子与果壳分离、从树上掉下来后再捡收，此法适用于坡度较陡、采摘运输不方便的种植区，但由于成熟期不一致，采收时间长，而且遇雨天种子易霉烂变质，影响质量。

油茶果采收后，先堆沤后熟2~3天，注意适时翻动，防止高温、霉变，如遇阴雨天气，可在室内摊晾。用机械脱壳或摊晒脱粒。不同产地、林分和成熟期油茶果应分开处理。

图5-1　油茶丰产林

ICS 65.020.40

B66

LY

中华人民共和国林业行业标准

LY/T 1328—2013
代替LY/T 1328—2006

油茶栽培技术规程

Technical regulations for *Camellia* Oleifera plantation

2015-01-27发布　　　　　　2015-05-01实施

国家林业局　发布

前　言

本标准按照GB/T 1.1—2009给出的规则起草。

本标准代替LY/T 1328—2006《油茶栽培技术规程》。

本标准与LY/T 1328—2006相比，主要变化如下：

——删除了产地环境条件、良种选择、良种繁育、种子与苗木、现有油茶林分类经营和改造更新、种子贮藏和运输、茶油加工、收获量、茶油质量指标、附录A、附录B、附录D等内容；

——增加了"油茶栽培区""造林地选择""栽植""幼林管理"和"病虫害防治"（见第4、5、6、7、8章）；

——修订了"范围""规范性引用文件""术语和定义"和"成林管理"(见第1、2、3、7章)、附录A。

本标准由国家林业局归口。

本标准起草单位：中南林业科技大学、中国林业科学研究院亚热带林业研究所、湖南省林业科学院、江西省林业科学院、广西壮族自治区林业科学研究院。

本标准主要起草人：谭晓风，姚小华，陈永忠，徐林初，马锦林，周国英，袁德义，袁军。

本标准所代替标准的历次版本发布情况为：

——LY/T 1328—2006。

油茶栽培技术规程

1 范围

本标准规定了油茶栽培区、造林地选择、栽植、林分管理、病虫害防治、茶果采收和处理等内容和技术要求。

本标准适用于普通油茶（*Camelia oleifera* Abel.）的栽培，也适用于小果油茶(*C.meiocarpa* Hu)、攸县油茶(*C.yuhsiensis* Hu)、越南油茶（*C.vietnamensis* Huang）、广宁红花油茶（*C.semiserrata* Chi.）、宛田红花油茶（*C.polyodonta* How.ex Hu.）、浙江红花油茶（*C.chekiangolesa* Hu）、腾冲红花油茶（*C. retifulate f.simplex*）等用于制取食用植物油的其他山茶物种。

2 规范性引用文件

下列文件对于本文件的应用是必不可少的。凡是注日期的引用文件，仅注日期的版本适用于本文件。凡是不注日期的引用文件，其最新版本（包括所有的修改单）适用于本文件。

GB/T 8321 农药合理使用准则

GB/T 15776 造林技术规程

GB/T 18407.2 农产品安全质量 无公害水果产地环境要求

GB/T 26907 油茶苗木质量分级

LY/T 1557 名特优经济林基地建设技术规程

LY/T 1607 造林作业设计规程

3 术语和定义

下列术语和定义适用于本文件。

3.1 栽培区 regional division of cultivation

根据油茶自然分布规律和引种试验结果，对油茶栽培的地理分布进行分区。

3.2 油茶良种 improved variety of Camelia oleifera

经过国家或省级林木品种审定委员会审(认)定的油茶优良品种、优良无性系和优良家系。

3.3 种子成熟 mature seeds

种仁完成脂肪转化积累，果实有3% ~ 5%果皮开裂，种子饱满坚硬，黑色或黄褐色有光泽。果实成熟时的外表特征是：果皮发亮，毛茸消失或仅基部残存少许，果壳微裂。

4 油茶栽培区

按油茶物种的地理分布和适宜栽培条件，将我国油茶产区划分为4个区，包括：

a）中心栽培区：包括湖南、江西低山丘陵区，广西北部低山丘陵区，福建低山丘陵区，浙江中南部低山丘陵区，湖北南部、安徽南部低山丘陵区。

b）北缘栽培区：包括东部安徽、湖北、河南的大别山、桐柏山低山丘陵区，西部四川、陕西、重庆的秦巴山区等。

c）南缘栽培区：包括广东、广西南部、海南北部的低山丘陵区等。

d）西部高原栽培区：包括云南、贵州、重庆和四川北部高原产区。

5 造林地选择

5.1 环境条件

应选择生态环境条件良好，远离污染源的丘陵低山红壤、黄壤地区；

林地的土壤、灌溉水、空气等环境质量指标应符合GB/T 18407.2的规定。

5.2 中心栽培区

选择海拔600m以下，相对高度200m以下，坡度25°以下，土层厚度60cm以上，pH值4.5~6.5的红壤、黄壤或黄棕壤的低山丘陵作为油茶造林地。

5.3 北缘栽培区

选择海拔在400m以下，相对高度200m以下，坡度25°以下，土壤深厚、疏松，排水良好、向阳的丘陵地或山腰缓坡地或作为油茶造林地。土壤以pH值4.5~6.5的红壤、黄壤和黄棕壤的丘陵为宜。

5.4 南缘栽培区

选择海拔700m以下，相对高度200m以下的地带，坡度25°以下，有效土层厚度中层至厚层（40cm以上）、质地中壤至粘壤、pH值4.5~6.5的赤红壤、红壤、黄壤等，选择光照充足的斜坡或缓坡造林。

5.5 西南高原栽培区

西南高山地区，应选在海拔1 800m以下的微酸性缓坡地作为油茶造林地。

6 栽植

6.1 规划设计

按照LY/T 1607和LY/T 1557的规定规划设计。

6.2 整地

根据造林地坡度、土层厚度等因素确定采取全垦、带垦或穴垦的整地方式。在平地、缓坡地（在10°以内）或需间作的林地采用全垦，坡度超过10°，按行距环山水平开梯，外高内低，按株行距定点挖穴；10°~15°，梯面宽3m~6m；15°~25°，梯面1.5m~2.5m。梯面宽度和梯间距离要根据地形和栽培密度而定。具体整地技术参见LY/T 1557和

GB/T 15776。

6.3 挖穴

按株行距定点开穴或按行距进行撩壕，穴规格宜60cm×60cm×60cm以上，撩壕规格为60cm（宽）×60cm（深）。

6.4 施基肥

定植前60 d施用有机肥，定植前20d～30d在穴中施放腐熟的土杂肥10kg～30kg或有机肥1～2kg，并回填表土。

6.5 种苗选择

根据适应性选择适合当地的国家或各省审（认）定的油茶良种，苗木质量按照GB/T 26907执行。

6.6 栽植密度

纯林栽植密度宜采用2.5m×2.5m、2.5m×3.0m、3.0m×3.0m株行距。实行间种或者为便于机械作业，栽植密度株行距以2m×4m、2.5m×5m和3m×5m为宜。

6.7 品种配置

在适合栽培区的审定品种中，应根据主栽品种的特性，配置花期相遇、亲和力强的适宜授粉品种。

6.8 栽植

6.8.1 栽植方法

裸根苗宜带土或者蘸泥浆后栽植。将苗木放入穴中央，舒展根系，扶正苗木，边填土边提苗、压实，嫁接口平于或略高于地面(降雨较少的地区可适当深栽)。栽后浇透水，用稻草等覆盖小苗周边。容器苗栽植前应浇透水，栽植时去除不可降解的容器杯。

6.8.2 栽植季节

根据栽培区域选择栽植季节，中心栽培区油茶栽植在冬季11月下

旬到次年春季的3月上旬均可，最适时期是2月上旬～下旬。容器苗可适度延长栽植季节。受印度洋季风影响的云南等地区宜选择雨季造林。

6.9　补植

宜用相同规格的容器苗补植。

7　林分管理

7.1　幼林管理

7.1.1　松土除草

种植前4年应及时中耕除草，扶苗培蔸。松土除草每年夏、秋各1次。

7.1.2　施肥

施肥一年2次，春施速效肥，尿素每株0.5kg。冬施迟效肥，如火土灰或其他腐熟有机肥，每株2kg。

7.1.3　整形修剪

油茶定植后，在距接口30cm～50cm上定干，逐年培养正副主枝，使枝条比例合理，均匀分布。通过拉枝和修剪塑造树形，油茶的适宜树形为圆头形和开心形。

7.1.4　套种

在幼林地可间种收获期短的矮杆农作物、药材，也可间种黑麦草、紫云英等绿肥，并及时割刈培肥。

7.2　成林管理

7.2.1　土壤管理

夏季铲除杂草，深度8cm～10cm，每年6月～7月进行。

冬季深翻土层，深度15cm～20cm。在12月至翌年1月进行，每2～3年冬挖一次。

7.2.2　施肥

大年以磷钾肥、有机肥为主，小年以氮肥和磷肥为主。每年每株施复合肥0.5 kg～1.0 kg以上或有机肥1 kg～3 kg，以有机肥的施用为主，采用沿树冠投影开环状沟施放。

7.2.3　修剪

在每年果实采收后至翌年树液流动前，剪除枯枝、病虫枝、交叉枝、细弱内膛枝、脚枝、徒长枝等。修剪时要因树制宜，剪密留疏，去弱留强，弱树重剪，强树轻剪。

8　病虫害防治

参见GB/T 8321和附录A。

9　茶果采收和处理

果实充分成熟才能采收，果实成熟的标志为果皮光滑，色泽变亮。红皮类型的果实成熟时果皮红中带黄，青皮类型青中带白。种壳呈深黑色或黄褐色，有光泽，种仁白中带黄，呈现油亮。

油茶果实要及时采收，随即在室外摊晒，促进果实开裂。1d中翻动数次，待果实开裂、种子自动脱落后捡取种子。

附录A

(资料性附录)

油茶主要病虫害防治方法

油茶主要病虫害防治方法见表A.1。其他林业措施包括：修剪病虫枝、荫蔽枝、蚂蚁枝、寄生枝等，林地垦复，清除地面的病叶、病果，消灭越冬病菌。

表A.1 油茶主要病虫害防治方法

时期	时间	主要防治对象	防治方法
冬季	12月～2月	油茶烟煤病	冬季用3°Bé的石硫合剂喷洒病株
		油茶炭疽病	播种前用50%可湿性退菌特1000倍液浸种24h有一定的杀菌作用
		油茶尺蠖	冬季复垦挖蛹，把翻出土面的蛹直接杀死，被翻入土内的蛹不易羽化出土；2月份人工捕捉尺蠖蛾，刮卵
		油茶毒蛾	毒蛾卵块在叶背集结易发现，要及时摘除并深埋
春季	3月～5月	油茶炭疽病	喷洒1%波尔多液或50%可湿性托布津500倍液～800倍液，以防止初次侵染
		油茶软腐病	在病害发病高峰前可用1%波尔多液或50%退菌特500倍液～800倍液全树喷
		油茶根腐病	发病后尽可能清除重病株，以熟石灰拌土覆盖，或用50%多菌灵等浇灌根茎处防治
		油茶蛀茎虫	在幼虫期喷洒90%敌百虫500倍液，成虫喷洒90%敌百虫1000倍液、20%乐果乳剂500倍液，效果很明显；成虫羽化盛期设黑光灯诱
		油茶绵蚧	40%乐果乳油或2.5%溴氰菊酯乳油，应选择晴天，由下朝上喷雾；保护和利用宽缘唇瓢虫和中华显盾瓢虫等，瓢虫成虫以蚧若虫为食，幼虫专食蚧卵，捕食量极大

（续）

时期	时间	主要防治对象	防治方法
春季	3月~5月	茶籽象甲	用绿色威雷200倍液~300倍液，在成虫羽化前喷1次或用90%敌百虫1000倍液喷杀
		油茶叶蜂	在幼虫爬出芽苞后，用2.5%溴氰菊酯5000倍液喷杀；用幼虫的集中性及假死性，在3龄后，用塑料布摊在树下，摇落幼虫进行人工捕杀。
		油茶尺蠖	在幼虫4龄前，可用白僵菌粉剂、苏云金杆菌或90%敌百虫1200倍液防治，或组织人工捕捉
		油茶毒蛾	苏云金杆菌孢子菌粉或白僵菌生物杀虫粉剂，或90%敌百虫1000倍液可防治
夏季	6月~8月	油茶炭疽病	用1%波尔多液，加2%的茶枯水，每10d喷一次，连喷4次~5次或用50%多菌灵500倍液防治
		油茶软腐病	喷洒1%波尔多液或50%托布津500倍液~800倍液
		油茶烟煤病	用0.3°Bé石硫合剂或90%敌百虫晶体1500倍液喷洒病株，或用40%乐果乳油涂刷于油茶树干基部可有效防治
		茶籽象甲	在高温高湿的6月用白僵菌防治成虫，或用绿色威雷200倍液~300倍液于成虫羽化前喷1次
		油茶毒蛾	40%乐果乳油1000倍液+ 2.5%溴氰菊酯乳油3000倍液~ 5000倍液防治，也可用白僵菌生物杀虫粉剂防治
秋季	9月~11月	油茶烟煤病	秋季用1°Bé石硫合剂喷洒病株可有效防治
		油茶根腐病	发病后尽可能清除重病株，以熟石灰拌土覆盖，或用50%多菌灵等浇灌根茎处防治
		油茶炭疽病	在油茶果病盛发期，每半月喷洒1%波尔多液或50%多菌灵500倍液，连续3次~4次
		油茶毒蛾	在越冬成虫产卵前可用白僵菌原粉、苏云金芽孢杆菌粉剂防治，虫口密度较高时也可用90%敌百虫晶体、2.5%溴氰菊酯3000倍液~4000倍液、25%亚胺硫磷或50%杀螟松1500倍液~2000倍液进行防治
		茶梢蛀蛾	茶梢蛀蛾防治：当幼虫尚在叶片中时，喷洒90%敌百虫晶体、杀螟松1500倍液~2000倍液进行防治